张顺燕/主编　　智慧鸟/绘

数学四十二

冒险日记　山谷历险记

10分钟爱上数学

南京大学出版社

图书在版编目（CIP）数据

山谷历险记 / 张顺燕主编；智慧鸟绘. -- 南京：
南京大学出版社，2024.6
（数学巴士. 冒险日记）
ISBN 978-7-305-27562-3

Ⅰ．①山… Ⅱ．①张… ②智… Ⅲ．①数学—儿童读
物 Ⅳ．①O1-49

中国国家版本馆CIP数据核字(2024)第016000号

出版发行 南京大学出版社
社　　址 南京市汉口路 22 号　　**邮　编** 210093
策　　划 石　磊

丛 书 名 数学巴士·冒险日记
　　　　　SHANGU LIXIAN JI
书　　名 山谷历险记
主　　编 张顺燕
绘　　者 智慧鸟
责任编辑 刘雪莹
印　　刷 徐州绪权印刷有限公司
开　　本 787mm×1092mm　1/12 开　印张 4　字数 100 千
版　　次 2024 年 6 月第 1 版
印　　次 2024 年 6 月第 1 次印刷
ISBN 978-7-305-27562-3
定　　价 28.80 元

网　　址 http://www.njupco.com
官 方 微 博 http://weibo.com/njupco
官方微信号 njupress
销售咨询热线 （025）83594756

数学巴士成员

机器人哈比

洁莉

艾妮

多普

玛斯老师

怪博士

麦基

迪娜

玛斯老师： 活力四射，充满奇思妙想，经常开着数学巴士带孩子们去冒险，在冒险途中用数学知识解决很多问题，深得孩子们喜爱。

多普： 观察力强，聪明好学，从不说多余的话。

迪娜： 学习能力强，性格外向，善于思考，总是会抢先回答问题，好胜心强。

麦基： 大大咧咧，心地善良，非常热心，关键时候又很胆小。

艾妮： 柔弱胆小，被惹急了会手足无措，不停地哭。

机器人哈比： 怪博士研发的智能机器人，擅长测量和统计数据，双手可以变成工具。

洁莉： 艾妮最好的朋友，经常安慰艾妮，性格沉稳，关键时刻总是替他人着想。

怪博士： 活泼幽默，学识渊博，关键时刻总能帮助大家渡过难关。

数学巴士徽章： 能帮助数学巴士变形和收起。

数学巴士： 一辆神奇的巴士，可以自动驾驶，能变换为直升机模式、潜水艇模式等带着孩子们上天下海，还可以变成徽章模式收纳起来。

好呀，一起出发吧！

怪博士要去山谷采集植物标本，正好我也想带领大家去探索一下大自然里的度量衡。

我们乘坐数学巴士，兴高采烈地前往集合地——一栋摩天大楼前。

数学巴士在大楼旁停下，我们看到一个园丁推着独轮车绕花坛边走边默念着什么。

我要测量花坛的周长。

特殊的长度测量法

　　有些物体的长度，很难用常规方法进行测量，比如故事中出现的椭圆形花坛的周长。测量这种曲线，可以采用特殊的测量法，比如滚轮法。

　　首先测量滚轮的周长。可以用一根绳子绕滚轮一圈，再测量绳子的长度，得到滚轮的周长；也可以在滚轮边缘做一个标记，从标记处起在尺上滚动一周，所得的长度也是滚轮的周长。

　　然后将滚轮从起点开始滚动，记下滚过的圈数。等滚到终点时，用滚过的圈数乘以滚轮的周长，就可以得出花坛大致的周长啦。

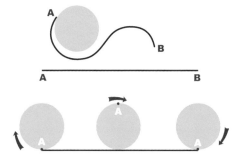

我们来到摩天大楼的一楼。

刚才经过电梯时，我看到这栋楼共有120层。

120层？用这么短的尺子一层层量，量到明天也搞不定。

玛斯老师可能是生病发烧了。

测量摩天大楼的高度

用一把尺子测量摩天大楼的高度，乍一听是不是感觉很不可思议？这种方法叫作"以少求多"，在测量中经常用到。

先测量出任意一个楼层中一级台阶的高度，然后数数一层楼共有多少级台阶。用一级台阶的高度乘以台阶的数量，就得出一层楼的高度。用这个高度去乘以楼层总数，就得出摩天大楼的大致高度了。

与"以少求多"相对的是"测多算少"，比如要算一本书中一张纸的厚度，可以先用尺子量出一本书有多厚，然后除以它的总纸张数，就能得出一张纸大致的厚度了。

等我们从摩天大楼出来，怪博士已经带着机器人小助手哈比赶到了。

你们今天的功课，是一起寻找身边的度量衡单位，以及感受测量与比较。

我们乘坐直升机模式的数学巴士朝着山谷飞去。

古人得了巨人症?

古人常说"堂堂七尺男儿"，如果按照现在一尺约等于33厘米计算，就是约2.31米。难道古人得了巨人症?

其实古代的"七尺男儿"并没有那么高，因为古代的一尺和今天的不一样。根据学者考证：秦代一尺约为23.1厘米，汉代一尺为23厘米~23.6厘米，隋唐一尺约为30厘米，宋代一尺约为31.2厘米，明清一尺约为32厘米。

公顷和平方千米

房屋的面积一般用平方米来表示，如我家的房子120平方米。而测量较大面积时，我们会用到公顷和平方千米，如森林面积约50公顷、山区面积1000平方千米等。

边长为1米的正方形面积为1平方米，如果把它的边长扩大100倍，面积则扩大10000倍，也就是1公顷。如果把这个面积1公顷的正方形的边长再扩大10倍，也就是1000米，那它的面积就会再扩大100倍，成为100公顷，也就是1平方千米。

1公顷 = 10000平方米
1平方千米 = 100公顷

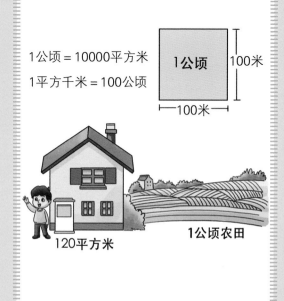

15

大家看起来都很发愁。

铁笼顶部栅栏比较稀疏，空隙正好是2拃，40厘米左右，够我们从中间钻出去了。

玛斯老师敏捷地从头顶的铁笼的间隙攀爬出去。

嘘……小点儿声，别再把野猪给招来。

没想到玛斯老师身手这么好。

我拉你们上来！

藏在身体上的测量工具

在古代，用身体当测量工具非常普遍，比如说烟袋有"一拃zhǎ"长。"一拃"是指张开大拇指和中指时两端之间的距离，成人的一拃大约有20厘米。

除了一拃，古人们还把中指的中间一节定为1寸，大约长3厘米。

而左右平伸开胳膊，从左手中指尖到右手中指尖的距离被称为"一庹tuǒ"，约长1.67米，是裁缝铺给客人们量体裁衣时经常用到的测量单位。

估算时，只要伸伸手，抬抬胳膊，就能用拃、庹等测量出大概的尺寸啦。古人们是不是很聪明？

古人的1寸

1拃

一庹

玛斯老师在笼顶拉手，怪博士在车里负责托举，同学们一个接一个爬出了铁笼。

我们终于出来了！

玛斯老师用数学巴士的徽章收起了巴士。

我们继续前行。不久，就被一条湍急的河流拦住了去路，河流中的两个木桩在交替沉浮。

跳到第一个木桩上的怪博士，朝第二个冒出水面的木桩迈出一条腿。

艾妮吓得捂住了眼睛。

1秒钟虽短，但足够了。大家按照怪博士刚才的示范，一个接一个过河。

大家顺利抵达对岸，只剩下艾妮和玛斯老师。

河流太急了，我不敢跳……

艾妮快跳呀，木桩要沉了！

1秒内发生的事情

秒是时间的基本单位之一，表盘上的秒针从前一根刻度线跳到下一根刻度线，时间就过去1秒，短暂到我们往往感觉不到它的存在。然而，在这短短的1秒内，可以发生好多事情：我们的心脏跳动1次并输送约60毫升的血液，猎豹在草原上飞奔约28米，蜜蜂扇动约230次翅膀，飞机飞行约250米，地球公转约30千米，光在其间绕地球约7周半。

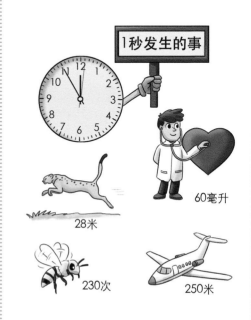

1秒发生的事

60毫升

28米

230次

250米

过河后的我们继续往前走，艾妮双腿发软，洁莉搀扶着她。

我们来到岔路口，两条路出现在众人眼前。

我们往哪边走呀？

走面积大的玫瑰花田那边。我之前探测过，那边的珍稀植物更多。

到底哪块大啊？看着都差不多。

众人盯着玫瑰花田，沉思起来。

玫瑰花种得很有规律，一个个小格子把花田分割成了大小相同的方格。

虽然看起来两片花田差不多大，但经过比较，正方形的花田要大一点儿。因为左边正方形的花田有16个玫瑰花方格，右边的长方形花田只有15个。

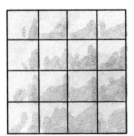

我知道该往哪边走了！

比较面积

如果没有图形的具体尺寸，两个图形的面积又看起来差不多，无法用眼睛辨别出来谁大谁小时，我们怎么比较它们的面积大小呢？

可以采用重叠法，把两个图形放在一起。如图所示，把长方形多余的部分剪下来放在正方形上面，就能比较出正方形的面积要大一点儿。

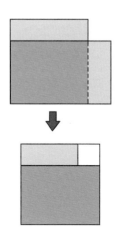

如果要进行比较的图形无法进行重叠，比如两块玫瑰花田，就可以借助尺子等工具，想办法把它们分割成相同大小的方格，通过数方格的方式间接进行比较。

我们走出玫瑰花田，一边走一边采集植物标本。

啊！

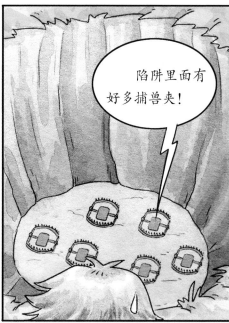

应该跟体重有关。麦基，你多重呀？

迪娜37千克，洁莉比她轻1千克，艾妮只有35千克。多普要重一些，38千克，而麦基是几人里面唯一超过40千克的，他的体重是41千克。

37千克　　36千克　　35千克

38千克　　41千克

这时，天空中开始涌起大片乌云，轰隆隆的雷声也由远及近地传来，天色暗了下来。

克和千克

　　克和千克是表示质量的基本单位，在日常生活中，人们习惯上称质量为重量。4 摄氏度时 1 升水的重量约为 1 千克。

　　很多小朋友都喜欢收集一元硬币，那你知道它有多重吗？

　　不同版本的硬币重量不同，第三套人民币一个一元硬币的重量约 9.32 克，第四套人民币一个一元硬币重量约 6.05 克。

　　如果你收集了 10000 枚第四套人民币的一元硬币，总重量约 60.5 千克，相当于一个成年女子的体重。而如果是第三套 10000 枚一元硬币，总重量约 93.2 千克，堪比一个大块头的体重了。

1升=1000克

众人手忙脚乱地上车。

麦基你个冒失鬼，刚才差点儿被雷劈了！

数学巴士不会也被雷劈了吧？

伏特是什么单位

伏特是国际单位中电压的单位，符号是 V，简称伏，是以意大利物理学家伏特的名字命名的。

我们对"电压"并不陌生，比如你用的手电筒里干电池的电压为 1.5 伏。

不同国家民用电压各不相同，如中国是 220 伏，欧洲大部分国家为 220 伏，美国为 120 伏，日本为 100 伏。

触电会对人体造成巨大伤害，接触的电压越高，通过人体的电流就越大，伤害也就越严重。在潮湿环境中，人体的安全电压为 12 伏，正常情况下人体的安全电压不高于 36 伏。

1.5伏

220伏

危险动作，请勿模仿

我去提些水浇灭火苗，绝不能留下火灾隐患。

这种家用水桶只能装18.9升水，要是有那种大桶就好啦，一桶就能装一百多升。

众人跟着怪博士下车。

怪博士，我们也去。

34

升和桶

以前人们用木桶酿酒、储藏谷物，甚至用它运输原油（从地下开采出来的石油），"桶"就被用作单位名称并保留下来。

不同国家桶的量值并不一样。

升是容积的单位，1升等于边长为10厘米的正方体的容积。

1升 = 10厘米 × 10厘米 × 10厘米

众人悄悄尾随怪博士和哈比。

这片草坡很适合做防火屏障。哈比，你用机器手把草坡上的灌木切割掉。

我记得森林防火隔离带的宽度，需要40~60米。

咦？你们怎么跟来了？

的确，但用草坡做防火屏障时，10米就够了。

英制单位

　　卷尺在日常生活中经常用到，因为它们用完之后可以卷起来，很是方便。

　　如果你仔细查看卷尺，会发现它两面的长度单位不一样，一面是以厘米为单位，最小刻度是毫米。而另一面却以英寸为单位。

　　英寸是源自英国的一种度量衡单位制，也就是英制单位，常用来表示电视机、电脑显示器以及手机屏幕的大小。比如平板电脑的屏幕尺寸有 7.9、9.7、12.9 等数值，所用的单位就是英寸。

数学巴士停留在起火森林的上空，吊桶翻转，水柱倾泻而下。

好壮观啊，像空中多了一条河。

它能装3吨水，空中灭火时可以大显身手。

浓烟逐渐减少，直到彻底消失。

我们欢呼着朝数学巴士所在的位置跑去。

太棒了！

玛斯老师真棒！

火终于扑灭啦！

吨

人们常说一个东西多重，其实是指它的质量。不过生活中，人们习惯用重量来表示物体的质量，而吨是常用到的单位，1 吨等于 1000 千克。

地球上最重的动物是蓝鲸，最大的有 200 吨左右。成年非洲象重 8 至 10 吨，虽然和蓝鲸差距很大，却是陆地上最重的动物。

发生森林和草原火灾时，常通过搭载吊桶的消防直升机灭火，吊桶一次取水量为 3 吨左右，往下倾泻时会形成水柱，灭火效率很高，对航空护林护草等起到了巨大作用。

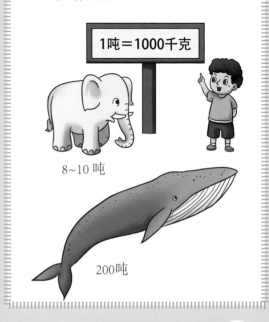

1吨＝1000千克

8~10 吨

200吨

森林中有一片被大火烧得一片焦黑，直升机模式的数学巴士缓缓降落到地面上。

幸好发现得及时，森林受损的面积不大。

万幸！这一大片都是原始森林，无比珍贵。要是火势蔓延开，后果不堪设想。

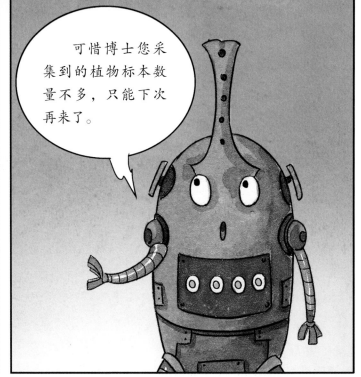

可惜博士您采集到的植物标本数量不多，只能下次再来了。

数学巴士载着我们腾空而起。

大家透过窗户俯瞰着下方的山谷。

今天的功课是寻找身边的度量衡单位，以及感受测量与比较。从进入森林开始，我们就不断学习到各种度量衡单位。刚才在看老师救火时，还学习了"升"和"吨"。

而更大的收获是，我们一起保护了这片需要很多年才能长成的原始森林。

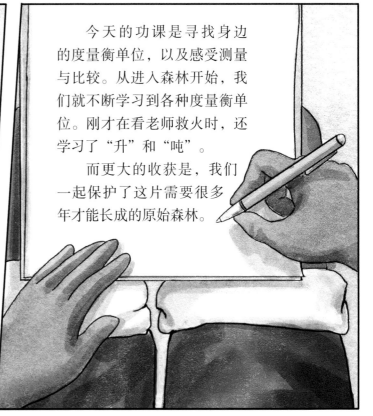

作者简介

　　张顺燕，北京大学数学科学学院教授，主要研究方向：数学文化、数学史、数学方法。

　　1962 年毕业于北京大学数学力学系，并留校任教。

主要科研成果及著作：

发表学术论文 30 多篇，曾获得国家教委科技进步三等奖。

《数学的思想、方法和应用》

《数学的美与理》

《数学的源与流》

《微积分的方法和应用》

小数学家训练营

1.比面积
下面两个图形的面积哪个大?

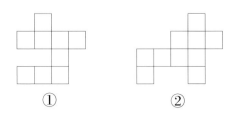

①   ②

2.克和千克
8只成年鸭子等于6只小型犬的重量,已知1只小型犬重4千克,那1只成年鸭子的重量是多少? 一只成年鸭和一只小型犬的体重加起来,用克表示是多少?

3.吨
瓜农叔叔运了3吨西瓜到市场售卖,并卖出了2600千克,请问还剩下多少千克西瓜?

4.升
牛奶工用一大一小两个容器盛放挤出的牛奶,装满后总计有12升。如果大容器能装的牛奶量是小容器的3倍,请问这两个容器分别装了多少升牛奶?

5.公顷
一个长方形的果园长200米,宽150米,它的占地面积是多少公顷?

6.平方千米
一块农田长800米,宽500米,面积多少平方米? 那么20块这样的农田面积是多少平方千米?

7.测多算少
爷爷珍藏着一本用羊皮制作而成的古书,晴晴想知道一页羊皮的厚度。她测量出整本书的厚度是15厘米,又知道古书总计有50页,你能告诉她一页羊皮的厚度约多少吗?

8.特殊长度测量
木木想要测量一个圆形水池的周长,他用一个圆形的滚轮滚了18圈,滚轮的周长是220厘米,请问圆形水池的周长约为多少厘米?

参考答案

1.答案：图①中有9个小正方形，图②中有10个小正方形，所以图②的面积大。

2.答案：(4×6)÷8＝3(千克)，一只成年鸭子的重量是3千克；3＋4＝7(千克)，
7千克＝7000克，一只成年鸭和一只小型犬的体重加起来是7000克。

3.答案：3吨＝3000千克，3000－2600＝400(千克)，还剩400千克西瓜。

4.答案：12÷(3+1)=3(升)，3×3=9(升)，大容器装了9升牛奶，小容器装了3升。

5.答案：200×150＝30000(平方米)＝3(公顷)，占地面积为3公顷。

6.答案：800×500＝400000(平方米)，农田面积为40000平方米；20×400000＝8000000(平方米)，
8000000平方米=8平方千米，20块农田的面积为8平方千米。

7.答案：15厘米＝150毫米，150÷50＝3(毫米)，一页羊皮的厚度约为3毫米。

8.答案：18×220＝3960(厘米)，圆形水池的周长约为3960厘米。